法国国家附件

Eurocode 3：
钢结构设计

第1-1部分：一般规定和房屋建筑规定

NF EN 1993-1-1/NA

[法] 法国标准化协会（AFNOR）

欧洲结构设计标准译审委员会 **组织翻译**

杨 虹 **译**

姜分良 **一审**

刘 宁 张 婷 **二审**

董延峰 **三审**

人民交通出版社股份有限公司

北 京

版 权 声 明

　　本标准由法国标准化协会(AFNOR)授权翻译。如对翻译内容有争议,以原法文版为准。人民交通出版社股份有限公司享有本标准在中国境内的专有翻译权、出版权并为本标准的独家发行商。未经人民交通出版社股份有限公司同意,任何单位、组织、个人不得以任何方式(包括但不限于以纸质、电子、互联网方式)对本标准进行全部或局部的复制、转载、出版或是变相出版、发行以及通过信息网络向公众传播。对于有上述行为者,人民交通出版社股份有限公司保留追究其法律责任的权利。

图书在版编目(CIP)数据

法国国家附件 Eurocode 3:钢结构设计. 第1-1 部分:一般规定和房屋建筑规定 NF EN 1993-1-1/NA / 法国标准化协会(AFNOR)组织编写;杨虹译. — 北京 : 人民交通出版社股份有限公司, 2019.11

ISBN 978-7-114-16162-9

Ⅰ. ①法… Ⅱ. ①法… ②杨… Ⅲ. ①钢结构—结构设计—建筑规范—法国 Ⅳ. ①TU391.04

中国版本图书馆 CIP 数据核字(2019)第 295616 号

著作权合同登记号:图字01-2019-7805

Faguo Guojia Fujian Eurocode 3:Gang Jiegou Sheji Di 1-1 Bufen:Yiban Guiding he Fangwu Jianzhu Guiding

书　　名:	法国国家附件 **Eurocode 3**:钢结构设计 **第 1-1 部分**:一般规定和房屋建筑规定 **NF EN 1993-1-1/NA**
著　作　者:	法国标准化协会(AFNOR)
译　　者:	杨　虹
责任编辑:	钱　堃　王景景
责任校对:	刘　芹
责任印制:	刘高彤
出版发行:	人民交通出版社股份有限公司
地　　址:	(100011)北京市朝阳区安定门外外馆斜街3号
网　　址:	http://www.ccpress.com.cn
销售电话:	(010)59757973
总　经　销:	人民交通出版社股份有限公司发行部
经　　销:	各地新华书店
印　　刷:	北京建宏印刷有限公司
开　　本:	880×1230　1/16
印　　张:	2.5
字　　数:	49 千
版　　次:	2019 年 11 月　第 1 版
印　　次:	2024 年 10 月　第 2 次印刷
书　　号:	ISBN 978-7-114-16162-9
定　　价:	50.00 元

(有印刷、装订质量问题的图书,由本公司负责调换)

出 版 说 明

包括本标准在内的欧洲结构设计标准(Eurocodes)及其英国附件、法国附件和配套设计指南的中文版,是 2018 年国家出版基金项目"欧洲结构设计标准翻译与比较研究出版工程(一期)"的成果。

在对欧洲结构设计标准及其相关文本组织翻译出版过程中,考虑到标准的特殊性、用户基础和应用程度,我们在力求翻译准确性的基础上,还遵循了一致性和有限性原则。在此,特就有关事项作如下说明:

1. 本标准中文版根据法国标准化协会(AFNOR)提供的法文版进行翻译,仅供参考之用,如有异议,请以原版为准。

2. 中文版的排版规则原则上遵照外文原版。

3. Eurocode(s)是个组合再造词。本标准及相关标准范围内,Eurocodes 特指一系列共 10 部欧洲标准(EN 1990 ~ EN 1999),旨在为房屋建筑和构筑物及建筑产品的设计提供通用方法;Eurocode 与某一数字连用时,特指EN 1990 ~ EN 1999 中的某一部,例如,Eurocode 8 指 EN 1998 结构抗震设计。经专家组研究,确定 Eurocode(s)宜翻译为"欧洲结构设计标准",但为了表意明确并兼顾专业技术人员用语习惯,在正文翻译中保留 Eurocode(s)不译。

4. 书中所有的插图、表格、公式的编排以及与正文的对应关系等与外文原版保持一致。

5. 书中所有的条款序号、括号、函数符号、单位等用法,如无明显错误,与外文原版保持一致。

6. 在不影响阅读的情况下书中涉及的插图均使用外文原版插图,仅对图中文字进行必要的翻译和处理;对部分影响使用的外文原版插图进行重绘。

7. 书中涉及的人名、地名、组织机构名称以及参考文献等均保留外文原文。

特别致谢

本标准的译审由以下单位和人员完成。中国电建集团中南勘测设计研究院有限公司的杨虹承担了主译工作,中国电建集团中南勘测设计研究院有限公司的姜分良、中交第一公路勘察设计研究院有限公司的刘宁和张婷、中国路桥工程有限责任公司的董延峰承担了主审工作。他(她)们分别为本标准的翻译工作付出了大量精力。在此谨向上述单位和人员表示感谢!

欧洲结构设计标准译审委员会

欧洲结构设计标准译审委员会总体组

ISSN 0335-3931

NF EN 1993-1-1/NA

2013 年 8 月 31 日

分类索引号：P 22-311-1/NA

ICS：91.010.30；91.080.10

法国标准

法国国家附件
Eurocode 3：钢结构设计
第 1-1 部分：一般规定和房屋建筑规定
NF EN 1993-1-1 /NA

英文版名称：Eurocode 3—Design of steel structures—National Annex to NF EN 1993-1-1：2005—Part 1-1：General rules and rules for buildings

德文版名称：Eurocode 3—Bemessung und Konstruktion von Stahlbauten —National Anhangzu NF EN 1993-1-1：2005—Teil 1-1：Allgemeine Bemessungsregeln und Regelnfür den Hochbau

发布	本国家附件由法国标准化协会（AFNOR）主席批准。 本国家附件替代 2007 年 5 月发布的 NF EN 1993-1-1/NA。
相关内容	本国家附件发布之日，不存在相同主题的欧洲或国际文件。
提要	本国家附件补充了 NF EN 1993-1-1：2005，NF EN 1993-1-1：2005 是 EN 1993-1-1：2005 在法国的适用版本。 本国家附件定义了 NF EN 1993-1-1：2005 在法国的适用条件，NF EN 1993-1-1：2005 引用了 EN 1993-1-1：2005。
关键词	**国际技术术语**：建筑、金属结构、钢、建筑用钢、设计、建造规定、设计规定、变形、限值、装配、焊接装配、力学特性、材料强度、材料、尺寸、应力分析、抗拉强度、断裂强度、耐久性、屈曲、翘曲、钢筋、稳定性、梁、空心型材、参考标准。
修订	对于被替代的文件，本国家附件对标准进行了校核，考虑了 NF EN 1993-1-1 的修订 AC：2009，将 NCCI 纳入正文，并对 NF EN 1993-1-1 附录 A 和 B 在法国的应用进行了补充。
勘误	相比第 1 次印刷，本国家附件对 5.2.2(8) 的公式进行了勘误。

法国标准化协会（AFNOR）出版发行—地址：11，rue Francis de Pressensé—邮编：93571 La Plaine Saint-Denis

电话：+ 33（0）1 41 62 80 00—传真：+ 33（0）1 49 17 90 00—网址：www.afnor.org

标　　准

标准是经济、科学、技术和社会相关各方的基础。

本质上而言,采用标准是自愿的。合同中有约定时,标准则对签订合同的各方均有约束力。法律可以规定强制实施全部或部分标准。

标准是在考虑了所有利益相关代表方的标准化机构内达成一致意见的文件。标准在被批准前,会被提交给公共咨询机构。

为了评估标准随时间变化的适用性,需要定期审查标准。

任何标准自标准首页所指明的日期起生效。

标准的理解

读者需注意以下几点:

使用词语"应"是用来表达某一项或多项规定应被满足。这些规定可以出现在标准的正文中,或在所谓的"标准的"附录中。在试验方法中,使用祈使语气的表述对应此项规定。

使用词语"宜"是用来表示一种可能性,这种可能性被优先考虑,但不是必须按本标准执行的。词语"可"是用于表述一种可行的,但不是强制性的忠告、建议或许可。

此外,本标准可能提供补充信息,旨在使某些内容更易于理解和使用,或阐明这些内容如何被应用,这些信息并不是以定义某项规定的形式给出。这些信息以附注或附录的方式提供。

标准化委员会

标准化委员会具备相关的专业知识,在指定的领域内工作,为提出相关的法国标准做准备工作,并可确立法国在欧洲和国际相关标准草案方面的突出地位。本委员会也可能在试验标准和技术报告方面做相关的准备工作。

如果读者想对本文件反馈任何意见,提供建议性变动或欲参与本标准的修订,请发邮件至"norminfo@ afnor. org"。

如果编制委员会的专家所属机构不是其常属机构,则以下表中的信息为准。

金属及混合结构设计分委员会　BNCM CNC2M

标准化委员会

主席：MAITRE　　　先生

秘书：LEMAIR　　　女士—BNCM

委员：(按姓氏、先生/女士、单位列出)

ALGRANTI	女士	CTICM
ANTROPIUS	先生	Consultant
ARIBERT	先生	INSA de RENNES
ASHTARI	先生	APAVE
BALGIU	先生	QUALICONSULT
BEGUIN	先生	CTICM
BITAR	先生	CTICM
BONIFACE	女士	EIFFAGE CM
BUREAU	先生	CTICM
CAILLAT	女士	AFNOR
CAUSSE	先生	VINCI CONSTRUCTION GRANDS PROJETS
CHABROLIN	先生	CTICM
CORTADE	先生	Consultant
COUCHAUX	先生	CTICM
COUGNAUD	先生	ACIM
DAVAINE	女士	INGEROP Expertise et Structures
DUSSAUGEY	女士	CISMA
ETIENNE	先生	SADEF
GAULIARD	先生	SCMF
GENEREUX	先生	SETRA
GINEYS	先生	GFD
GOURMELON	先生	IGPC
GREFF	先生	GFD
HJIAJ	先生	INSA de RENNES
HOORPAH	先生	MIO
IZABEL	先生	SNPPA
LAMADON	先生	BUREAU VERITAS
LAMY	先生	UNION DES METALLIERS
LE CHAFFOTEC	先生	CTICM

LEMAIRE	女士	BNCM
LEQUIEN	先生	CETEN APAVE
LUKIC	先生	CTICM
MAITRE	先生	SOCOTEC
MARTIN	先生	CTICM
MARTIN	先生	SNCF—Division Expertise—DOA
MENIGAULT	先生	BN ACIER
MOHEISSEN	先生	LES MODULAIRES
PALISSON	女士	SP CONSULTANTS
PECHENARD	女士	AFFIX
PERNIER	先生	MEEDDM/CGDD
RAOUL	先生	Consultant
ROBERT	先生	SETRA
SEMIN	先生	CTICM
SIFFERLIN	先生	EDF/DIN/CNEPE
SOKOL	先生	SOKOL CONSULTANTS
SOMJA	先生	INSA de RENNES
THOLLARD	先生	CSTB
THONIER	先生	EGF BTP
TRIQUET	先生	SNCF—Dpt IGOA—ST1
TROUART	先生	UNION DES METALLIERS
VILANOVA	先生	CAPEB
VILLETTE	先生	BAUDIN CHATEAUNEUF
VÜ	先生	E2C ATLANTIQUE
ZHAO	先生	CTICM

目　次

前言

（1）本国家附件确定了 NF EN 1993-1-1：2005（2010 年 1 月第 3 版）在法国的适用条件。NF EN 1993-1-1：2005 引用了欧洲标准化委员会于 2004 年 4 月 23 日批准、2005 年 5 月 11 日实施的 EN 1993-1-1：2005 及其附录 A、B、AB 和 BB，包括其修订 AC：2006 和修订 AC：2009。

（2）本国家附件由金属及混合结构设计分委员会（BNCM CNC2M）编制。

（3）本国家附件：

——为 EN 1993-1-1 的下列条款提供国家定义参数（NDP）并允许各国自行选择参数信息：

    ——2.3.1（1）；

    ——3.1（2）；

    ——3.2.1（1）；

    ——3.2.2（1）；

    ——3.2.3（1）；

    ——3.2.3（3）B；

    ——3.2.4（1）B；

    ——5.2.1（3）；

    ——5.2.2（8）；

    ——5.3.2（3）；

    ——5.3.2（11）；

    ——5.3.4（3）；

    ——6.1.1（B）；

    ——6.1（1）；

    ——6.3.2.2（2）；

    ——6.3.2.3（1）；

    ——6.3.2.3（2）；

    ——6.3.2.4（1）B；

—6.3.2.4(2)B；

—6.3.3(5)；

—6.3.4(1)；

—7.2.1(1)B；

—7.2.2(1)B；

—7.2.3(1)B；

—BB.1.3(3)B。

—确定 EN 1993-1-1 适用于建(构)筑物的资料性附录 A、B、AB 和 BB 的使用条件；

—提供非矛盾性的补充信息(NCCI)，便于 NF EN 1993-1-1 的应用。

(4)引用条款为 EN 1993-1-1 中的条款。

(5)本国家附件应配合 NF EN 1993-1-1，并结合 EN 1990 ~ EN 1998 系列 Eurocodes(NF EN 1990 ~ NF EN 1999)，以用于新建建(构)筑物的设计。在全部 Eurocodes 国家附件出版之前，如有必要，应针对具体项目对国家定义参数进行定义。

(6)当 NF EN 1993-1-1 适用于公共或私人工程合同时，本国家附件亦适用。

(7)本国家附件中所考虑的项目使用年限，请参照 NF EN 1990 及其国家附件中给出的定义。该使用年限不得在任何情况下与法律和条例所界定的关于责任和质保的期限相混淆。

(8)为明确起见，本国家附件给出了国家定义参数的范围。本国家附件的其余部分是对欧洲标准在法国的应用进行的非矛盾性补充。

(9)CNC2M 对 Eurocodes 钢结构设计标准在法国应用的建议，包括非矛盾性补充信息，可查阅金属结构标准化局的网址(www. bncm. fr)。

国家附件
（规范性）

AN 1—欧洲标准条款在法国的应用

注：条款编号为 EN 1993-1-1:2005 + AC:2009（2010 年 1 月第 3 次印刷）的条款编号。

条款 2.3.1(1)

> 本国家附件不定义特殊情况的作用。
>
> 特定地区、特殊气候条件、偶然状况下的作用和情况在 Eurocode 1 各个部分的国家附件中进行了规定。

条款 3.1(2)

> 如果使用 NF EN 1993-1-1 的表 3.1 所给出牌号之外的钢材,应在合同专用条款中规定其使用条件。在使用此类钢材时,宜对照表 3.1 中已给出牌号的钢材,关注其材料特性,尤其是延性、韧性和可焊接性。
>
> NF EN 1993 中的其他部分对适用于具体情况的其他牌号钢材给出了定义。

条款 3.2.1(1)

> 在合同具体文件中没有规定时：
>
> —对于建筑结构,f_y 和 f_u 宜采用 NF EN 1993-1-1:2005 + AC:2009 中表 3.1给出的值。
>
> —对于其他结构,当 NF EN 1993 的第 2 部分～第 6 部分中没有述及 f_y 和 f_u 时,宜采用产品规范中 f_y 和 f_u 的最小值。
>
> **注**：基于 NF EN 10204-3.1 证书的 f_y 和 f_u 值不得直接用于计算。

条款 3.2.2(1)

采用推荐值。

条款 3.2.3(1)

设计中采用的最低工作温度按以下方式确定：

—对于室外框架和不供暖建筑的框架：根据 NF EN 1991-1-5 确定；

—对于供暖建筑的框架：根据合同专用条款确定，默认值为 0℃；

—在 DOM（法国海外省）地区，对于供暖建筑的框架，该值取 0℃ 和根据 NF EN 1991-1-5 确定的室外最低温度之间的较大值。

对于特殊使用条件，结构在使用状态下的温度应在合同文件中规定。

条款 3.2.3(3)B

采用推荐值，即 NF EN 1993-1-10:2005 + AC:2009 的表 2.1 中在 $\sigma_{Ed} = 0.25f_y(t)$ 情况下对应的值。

条款 3.2.4(1)

对于建筑，并且在合同具体文件中没有规定时，宜采用相应的推荐值。

条款 5.2.1(3)

本国家附件没有给出具体建议。

条款 5.2.1(4)B

本条款的基本作用是对目标结构给出一个简化公式来确定 5.2.1(3) 中定义的参数 α_{cr}。

当条件满足式(5.1)的标准时，即意味着可以忽略由可移动节点模态形变（即目标结构的"整体"模态）带来的二阶效应。在此情况下，可以通过一阶分析来计算杆件末端的作用力，并且根据 5.2.2(7) 的 b) 条计算杆件强度时，所考虑的杆件在结构平面内的屈曲设计长度最大不应超过杆件的几何长度。

2

使用式(5.2)进行计算时,尤其是在确定 H_{Ed} 和 $\delta_{\mathrm{H,Ed}}$ 的取值时,对于作用在该层中的纵向杆件上的荷载,应根据荷载在杆件上的纵向分布情况,将荷载作用点分别移至该纵向杆件的上下两端的水平层上。

条款 5.2.2(8)

这一方法的适用范围限于满足 5.2.2(5)B 和 5.2.2(6)B 条件的梁柱型移动节点结构的弹性分析。

在这一框架下,宜:

—在没有整体缺陷的情况下进行一阶弹性分析;

—根据 6.3,用可移动节点的纵向弯曲长度验算柱的强度;

—在梁和梁柱组件的验算中,将这些构件中因框架侧向变形引起的力矩部分(例如,水平荷载产生的部分力矩,以及在适用情况下结构不对称或垂直荷载不对称引起的部分力矩)乘以 $\dfrac{1}{1-\dfrac{1}{\alpha_{\mathrm{cr}}}}$,除非有充分分析表明放大幅度较小。

条款 5.3.1

除非合同具体文件中有具体规定,否则一般只在整体分析承载能力极限状态验算中考虑缺陷效应。

为了简化,对于正常使用极限状态验算,允许考虑缺陷效应,目的是仅处理结构建模。

条款 5.3.2(3)—表 5.1

当根据截面塑性承载力进行验算时,可使用表中右侧一列的推荐值。

当根据截面弹性承载力进行验算时,可使用表中左侧一列的推荐值,或者采用替代方法,根据以下公式计算几何缺陷:

$$\frac{e_0}{L} = \frac{\alpha(\overline{\lambda} - 0.2)}{L} \frac{W_{\mathrm{el}}}{A}$$

式中:$\overline{\lambda}$——考虑杆件在平面中屈曲效应的折减后的相对长细比;

$\quad\alpha$——与相应的屈曲柱子曲线对应的几何缺陷系数,见表 6.1 和表 6.2;

$\quad W_{\mathrm{el}}$——截面在所计算的平面中的抗弯模量;

$\quad A$——截面面积。

条款 5.3.2(11)

> 本条款不适用。

然而,这种方法的原理,可根据具体项目的特点,用于应用条件和应用范围的确定以及结构或结构组件的分类。

条款 5.3.4(4)

当通过二阶分析的方法使用杆件的几何缺陷 e_0 来计算杆件承载力时,横截面的承载力根据 NF EN 1993-1-1 中 6.2 的规定计算,但需用分项系数 γ_{M1} 取代原系数 γ_{M0}。

条款 5.3.4(3)

> 采用的 k 值为:
>
> $$k = 1 - 0.5\frac{b}{h} \geq 0.5 \quad \text{沿钢筋全长取 } b/h \text{ 最小值}$$
>
> 式中:b——截面受压部分的最大宽度;
>
> h——截面高度。

该方法只用于主要形变为弯曲形变的杆件。使用该方法进行结构分析时需考虑二阶效应、截面翘曲、荷载作用点相对于截面扭心的位置以及杆件的侧向约束条件。

条款 6.1(1)注 1

> 对于 NF EN 1993 第 2 部分~第 6 部分未涵盖的结构,由合同文件规定分项系数的采用值。

条款 6.1(1)注 2B

> 采用推荐值。

在杆件有几何缺陷的情况下进行二阶计算时,在截面承载力计算公式中用分项系数 γ_{M1} 取代原系数 γ_{M0}。

条款 6.3.2.2(1)

对于本国家附件 6.3.2.3(1)所定义的轧制型钢或等效焊接截面,NF EN 1993-1-1

中 6.3.2.3(2) 定义的系数 f 还可适用于根据 NF EN 1993-1-1 中 6.3.2.2 计算的折减系数 χ_{LT}。

条款 6.3.2.2(2)

采用推荐值。

本国家附件附录 M 提供了一个双对称不变形截面、两端简单弯曲和保持翘曲的均匀钢筋的 M_{cr} 的计算公式。

条款 6.3.2.3(1)

对于根据 NF EN 1993-1-1 中 6.3.2.2 进行的验算,采用的 $\overline{\lambda}_{LT,0}$ 值如下:

$$\overline{\lambda}_{LT,0} = 0.2$$

对于根据 NF EN 1993-1-1 中 6.3.2.3 或 6.3.2.4 进行的验算,使用下式计算 $\overline{\lambda}_{LT,0}$ 和 α_{LT} 的值:

— 工字形(双对称)轧制截面:

$$\overline{\lambda}_{LT,0} = 0.2 + 0.1 \frac{b}{h} \text{ 和 } \alpha_{LT,0} = 0.4 - 0.2 \frac{b}{h} \overline{\lambda}_{LT}^2 \geqslant 0$$

— 工字形(双对称)焊接截面:

$$\overline{\lambda}_{LT,0} = 0.3 \frac{b}{h} \text{ 和 } \alpha_{LT,0} = 0.5 - 0.25 \frac{b}{h} \overline{\lambda}_{LT}^2 \geqslant 0$$

— 其他截面:

$$\overline{\lambda}_{LT,0} = 0.2 \text{ 和 } \alpha_{LT,0} = 0.76$$

对于所有截面:

$$\beta = 1.0$$

使用本条款时,可将满足下列条件的工字形焊接组合截面作为等效焊接截面考虑:

— 截面相对于腹板对称;

— 翼板(所计算的截面中的上翼板和下翼板)之间的惯性矩之比在 0.8 ~ 1.25 之间;

$$0.80 \leqslant I_{fz,sup}/I_{fz,inf} \leqslant 1.25$$

— 翼板最大厚度与腹板厚度之比小于或等于 3:

$$\frac{t_{fmax}}{t_w} \leqslant 3$$

条款 6.3.2.3(2)

> 系数 f 采用推荐值。
>
> 系数 f 只用于两端支座约束条件相同的单跨梁段,或者跨中无任何约束条件,因而可按上述情况考虑的梁段。

条款 6.3.2.4(1)B

> 采用值如下: $\bar{\lambda}_{c,0} = \bar{\lambda}_{LT,0} + 0.1$,其中 $\bar{\lambda}_{LT,0}$ 是根据 6.3.2.3(1) 定义的。

条款 6.3.2.4(2)B

> 采用值如下: $k_{fl} = 1 + \dfrac{\bar{\lambda}_f}{10} \leqslant 1.20$

条款 6.3.3(5)

相互作用系数的确定

> 选定的基准方法为方法 1(NF EN 1993-1-1 的附录 A)。
>
> 在满足以下条件的情况下,可采用 NF EN 1993-1-1 附录 B 中的替代方法 2。
>
> 简单来说,替代方法 2 可以用于截面形式为工字双轴对称截面的杆件,这类杆件对于扭转作用比较敏感。相互作用系数 k_{ij} 根据附录 B 中的表 B.2 确定,系数 C_{mi} 根据附录 B 中的表 B.3 确定。当使用附录 B 进行计算时,不能使用 a_0 曲线。
>
> 对于一个杆件,当其在扭转屈曲或弯扭屈曲情况下的临界轴力小于纯弯作用屈曲情况下两个轴向上的临界轴力时,不可使用附录 B。

扭转屈曲或弯扭屈曲具有决定性的情况

在使用 NF EN 1993-1-1 附录 A 的情况下,当杆件在扭转屈曲下的临界轴力 $N_{cr,T}$ 小于纯弯作用屈曲情况下两个轴向上的临界轴力 $N_{cr,y}$ 和 $N_{cr,z}$ 时,宜根据 NF EN 1993-1-1 中式(6.62)的条件进行补充验算。一方面需要用系数 χ_T 替代原式中折减系数 χ_z,另一方面在计算系数 k_{zy} 和 k_{zz} 时,需要用 μ_T 替代系数 μ_z:

——根据 6.3.1.4 以及 $N_{cr} = N_{cr,T}$ 的条件,计算出扭转屈曲下折减后的相对长细比 $\bar{\lambda}_T$ 之后,承载力折减系数 χ_T 采用 NF EN 1993-1-1 表 6.2 中沿 z-z 轴屈曲对应的柱

子曲线,依据上述 $\overline{\lambda}_\mathrm{T}$ 值求出。

—系数 μ_T 采用以下公式计算:

$$\mu_\mathrm{T} = \frac{1 - \dfrac{N_\mathrm{Ed}}{N_\mathrm{cr,T}}}{1 - \chi_\mathrm{T}\dfrac{N_\mathrm{Ed}}{N_\mathrm{cr,T}}}$$

—在 NF EN 1993-1-1 附录 A 的表 A.2 中,宜为等效均布弯矩系数设置一个下限值,如下:

$$C_\mathrm{mi,0} \geqslant 1 - N_\mathrm{Ed}/N_\mathrm{cr,i}$$

应用于单轴对称截面的情况

在上述情况以外,6.3.3 的规定和 NF EN 1993-1-1 附录 A 也可应用于工字形单轴对称截面(截面相对于惯性矩强轴对称)的匀质杆件,使用条件如下:

—在设计中只考虑杆件的弹性承载力(对于 1 类、2 类和 3 类截面,考虑截面弹性承载力;对于 4 类截面,考虑其有效截面的弹性承载力);

—宜根据 NF EN 1993-1-1 中式(6.62)的条件进行补充验算,一方面需要用系数 χ_TF 替代原式中折减系数 χ_z,另一方面在计算系数 k_zy 和 k_zz 时,需要用 μ_TF 替代系数 μ_z:

—根据 6.3.1.4 以及 $N_\mathrm{cr} = N_\mathrm{cr,TF}$ 的条件,计算出弯扭屈曲下折减后的相对长细比 $\overline{\lambda}_\mathrm{T}$ 之后,承载力折减系数 χ_TF 采用 NF EN 1993-1-1 表 6.2 中沿 $z\text{-}z$ 轴屈曲对应的柱子曲线,依据上述 $\overline{\lambda}_\mathrm{T}$ 值求出;

—系数 μ_TF 采用以下公式计算:

$$\mu_\mathrm{TF} = \frac{1 - \dfrac{N_\mathrm{Ed}}{N_\mathrm{cr,TF}}}{1 - \chi_\mathrm{TF}\dfrac{N_\mathrm{Ed}}{N_\mathrm{cr,TF}}}$$

—在 NF EN 1993-1-1 附录 A 的表 A.2 中,宜为等效均布弯矩系数设置一个下限值,如下:

$$C_\mathrm{mi,0} \geqslant 1 - N_\mathrm{Ed}/N_\mathrm{cr,i}$$

条款 6.3.4(1)

除非经过专门论证,否则该方法的使用仅限于弹性条件下的结构整体计算,即所研究的平面中的倾覆系数 $\alpha_\mathrm{ult,k}$ 应在结构弹性分析的条件下确定。

对于 1 类或 2 类截面,可以考虑截面的塑性承载力,但是在轴力和弯矩共同作用情况下,宜使用 6.3.4(4)注中给出的塑性条件下轴力和弯矩相互作用的线性组合验算标准来确定 $\alpha_{ult,k}$。

计算 χ 或 χ_{LT} 分别使用的屈曲柱子曲线或弯扭失稳曲线应根据截面承载力的控制条件来选取,即所选的曲线应该是给出倾覆系数 $\alpha_{ult,k}$ 的曲线。

在遵照上述建议的情况下,在 6.3.4(1)中对这一计算方法的适用范围给出了具体规定。

条款7.1

在 NF EN 1993-1-1 中 7.1 的(1)～(4)的基础上进行如下补充:

(5)在设计钢结构及其构件时,应使其结构挠度保持在业主和设计人员已考虑并共同认可的挠度限值范围以内;同时,结构挠度的设计应与结构用途、内部空间使用情况以及结构上所支承的材料的性质相符合。

(6)挠度限值的推荐值在 7.2.1(1)和 7.2.2(1)中规定。在某些情况下,需要采用更严格的值,以满足工程用途、墙体材料的特性,或确保电梯的正常使用等。

(7)当有必要在合同文件中规定其他变形限值时,宜参考 NF EN 1990:2003 的 A1.4 和 NF EN 1990／NA:2011 的 A1.4.2(NF EN 1990:2003 的国家附件)给出的定义。

条款7.2.1(1)B

竖向挠度的建议限值

以下给出的建议限值应该用于和计算所得的挠度值进行比较,而不应将其作为衡量结构性能的标准。应将建议限值与标准荷载组合下得出的挠度值进行比较。

以简支梁情况为例,以下给出的挠度限值的符号均在图 1 中标出。

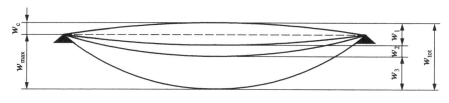

图1　竖向挠度的定义

其中:

w_c——未加载构件的预拱;

w_1——NF EN 1990 中式(6.14a)~式(6.16b)给出的荷载组合中的恒载作用下产生的初始挠度;

w_2——恒载作用下产生的持久挠度(与本国家附件内容无关);

w_3——NF EN 1990 中式(6.14a)~式(6.16b)给出的荷载组合中的可变荷载作用下产生的附加挠度;

w_{tot}——总挠度,即 $w_{tot} = w_1 + w_2 + w_3$;

w_{max}——考虑预拱之后的总挠度,即 $w_{max} = w_{tot} - w_c$。

房屋建筑中的梁的竖向挠度的建议限值在表 1 中给出,其中 L 为梁的跨度。对于悬臂梁,L 的取值应为悬臂部分长度的 2 倍。

表 1　竖向挠度上限值推荐值

条　　件	限值(见图 1)	
	w_{max}	w_3
一般屋顶[a]	$L/200$	$L/250$
经常有非维修人员的屋顶	$L/200$	$L/300$
一般楼板[b]	$L/200$	$L/300$
支撑石膏隔墙、其他脆性或刚性材料、脆性涂层的地板和屋顶	$L/250$	$L/350$
对柱起支撑作用的楼板(承载力极限状态下整体分析中已考虑楼板挠度的情况除外)[c]	$L/400$	$L/500$
w_{max} 可能会危害建筑外观的情况	$L/250$	

注:[a] 一般情况下,可认为屋顶为不上人屋顶,仅供维修人员通行。对于缓坡屋顶,宜根据下文内容考虑雨水淤积效应。

[b] 某些机械设备的使用条件所允许的挠度值可能比常见结构的允许挠度值更小;这种情况下,应在合同专用条款中规定挠度限值。

[c] 只有在楼板挠度对柱产生影响,进而对由柱支撑结构的性能产生影响的情况下,才需要考虑这一限值。否则,对于楼板只考虑前两个限值。

防止雨水淤积

a)在屋顶坡度较缓(小于 5%)的情况下,项目的设计中应采用相应措施保证雨水的排放。在设计此类构造布置措施时,宜考虑以下因素,包括可能的施工误差、地基沉降、顶棚构件的挠度、承重构件的挠度以及构件的预拱。上述要求对于多层露天停车场的顶层楼板同样适用。

b)梁的预拱可以减小雨水在房顶淤积的可能性,条件是需要在屋顶适当位置布设排水孔。

c)当屋顶有防水层和节点支撑件时,不管有没有缓坡(<3%),宜验算在如下

的水的重量下没有坍塌风险：

　　—因为结构构件或屋顶构件挠度的原因可能形成的积水；

　　—因雪融化产生的积滞水（见 NF EN 1991-1-3）。

条款 7.2.2(1)B

以下给出的建议限值应该用于与计算所得的结果进行比较,而不应将其作为衡量结构性能的标准。应将建议限值与标准荷载组合下得出的计算值进行比较。

对于房屋建筑,水平位移限值的推荐值在表 2 中给出。

表 2　水平位移最大限值的推荐值

条　　件	限值（见图 2）
单层、无桥式吊车的工业厂房,隔墙非脆性材料[a)c)d)]： 　　—柱顶位移 　　—两个连续门架顶部差别位移	$H/150$ $L_i/150$
金属挡板支撑件（洞口框架之外）： 　　—栏杆 　　—桩子（自身挠度）	$L_i/150$ $H_i/150$
其他单层建筑,无起重机[b)d)]： 　　—柱顶位移 　　— 2 个连续门架之间的位移差	$H_i/250$ $L_i/200$
多层工业建筑,无起重机,有非脆性墙[c)d)]： 　　—每层楼之间 　　—对于整个结构,当 $H \leqslant 20\text{m}$ 时 　　　　　　当 $20\text{m} < H \leqslant 40\text{m}$ 时 　　　　　　当 $H > 40\text{m}$ 时	$H_i/200$ $H/200$ $H/(100+5H)$ $H/300$
其他多层建筑,无起重机[d)]： 　　—每层楼之间 　　—对于整个结构,当 $H \leqslant 10\text{m}$ 时 　　　　　　当 $10\text{m} < H \leqslant 30\text{m}$ 时 　　　　　　当 $H > 30\text{m}$ 时	$H_i/300$ $H/300$ $H/(200+10H)$ $H/500$
其中,H_i 为柱或楼层或挡板桩子的高度； 　　H 为结构的总高度； 　　L_i 为两个连续门架之间的距离或一个栏杆的长度	
注：[a)] 无桥式吊车的房屋：此处指的是由单门架或多跨连续门架构成的、对于变形没有特殊限制性要求的单层房屋。对于安装有桥式吊车的门架,参见 NF EN 1993-6/NA 的要求。 　　[b)] 其他单层房屋：此处指的是对于变形有特殊限制性要求的房屋（特殊要求的原因如：防水、脆性隔墙、建筑外观、使用舒适性、特殊用途）。此类房屋可由单门架或多跨连续门架构成。 　　[c)] 脆性隔墙可以理解为对于变形有严格要求的或对于支撑构件与自身的密合性有严格要求的,用于空间填充或用于空间封闭的构件或者体系。 　　[d)] 在有脆性隔墙的情况下,只要隔墙和结构框架连接处的构造布置能够允许结构发生较大位移,那么水平位移限值可以取更大的值。	

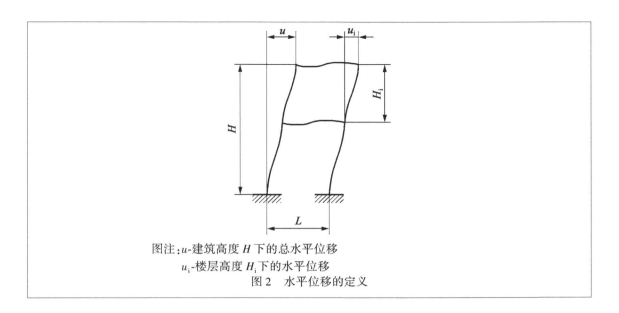

图注：u-建筑高度 H 下的总水平位移

u_i-楼层高度 H_i 下的水平位移

图 2　水平位移的定义

条款 7.2.3（1）B

在合同文件中没有专门规定的情况下，结构中楼板的自振固有频率最低限值采用表 3 中给出的值。

在计算固有频率时，所考虑的与使用荷载相关的质量为标准组合中使用荷载质量的 20%。当使用荷载中的一部分来自于刚性固接在结构体上但又不构成结构构件的物体时，计算固有频率时应考虑这部分物体质量的 100%，对其余的使用荷载考虑其质量的 20%。

当一阶固有频率小于表 3 中给出的频率最低限值时，宜对结构的动力反应谱进行更为细致的分析，在分析中考虑阻尼效应，并根据项目合同文件中的规定值控制楼板的最大加速度。

表 3

场 所 性 质	最小竖直固有频率
住宅、办公室	2.6 Hz
健身房、舞厅	5 Hz

注：行人有可能引起更高频率的震动，尤其是在步行的二次谐波（约 4 Hz）作用下。如果出于结构用途或者结构使用者舒适性的考虑，认为结构对震动敏感，那么应该在与业主和/或相关政府部门达成一致的情况下规定比上述频率更高的值。

普通房屋建筑中的楼板和竖向抗剪排架的刚度较大，因此水平方向的固有频率较高，不会被行人步振频率激发引起受迫振动。在结构的水平方向固有频率低于 1.25 Hz 时，尤其是对于可能有人群通过（人群步频共振的风险）的建筑，对结构的动力反应谱进行专门研究是必要的。

条款 BB.1.3(3)

> 在计算空心型钢的屈曲设计长度时,由 CIDECT(国际管材建筑发展与研究委员会)编写的《设计指南——空心型钢结构的稳定性》中第 7 章"桁架梁的屈曲设计长度"给出了补充信息。

AN 2—NF EN 1993-1-1 资料性附录在法国的应用

附录 A

NF EN 1993-1-1 附录 A 起到规范性作用。

NF EN 1993-1-1 表 A1 中公式提供的系数 C_1 的更精确的值可通过本国家附件附录 M 确定。

附录 B

在本国家附件 6.3.3(5)规定的应用条件下,NF EN 1993-1-1 附录 B 仍起到规范性地位。

附录 AB

NF EN 1993-1-1 附录 AB 仍起到资料性作用。

附录 BB

NF EN 1993-1-1 附录 BB 仍起到资料性作用。

附录 M

（资料性）

弹性弯扭失稳的临界弯矩

M.1 目的和应用范围

本附录 M 对于符合以下所有条件的杆件（或杆件中的节段）给出了计算弹性弯扭失稳临界弯矩的近似公式：

　　—匀质杆件，横截面双轴对称且可以认为截面不变形；

　　—杆件受纯弯作用，荷载作用于杆件的惯性矩强轴平面内；

　　—杆件的两端有侧向约束控制弯扭，跨中无局部或连续的侧向约束；

　　—在杆件每一端的约束条件至少应满足以下"标准"条件，也称"叉形支座"：

　　　　—约束侧向位移；

　　　　—约束绕杆件纵轴的旋转。

在一切情况下，尤其是对于本附录未涵盖的情况，可以通过对杆件在弹性条件下进行稳定性分析来计算弹性弯扭失稳临界弯矩，条件是在分析中要考虑所有对 M_{cr} 值可能产生显著影响的因素，如：

　　—截面的几何形状；

　　—翘曲刚度；

　　—横向荷载相对于剪切中心的竖直位置；

　　—侧向支撑的条件。

具体研究可在相关文献中找到。

M.2 M_{cr} 公式

弹性弯扭失稳临界弯矩可按下式计算：

$$M_{cr} = C_1 \frac{\pi^2 E I_z}{(k_z L)^2} \left[\sqrt{\left(\frac{k_z}{k_w}\right)^2 \frac{I_w}{I_z} + \frac{(k_z L)^2 G I_t}{\pi^2 E I_z} + (C_2 z_g)^2} - C_2 z_g \right] \qquad (\text{M.1})$$

式中: E——弹性模量($E = 210000 \text{N/mm}^2$);

G——剪切模量($G = 80770 \text{N/mm}^2$);

I_z——绕弱轴 z 的弯曲惯性矩;

I_t——扭转惯性矩;

I_w——翘曲惯性矩;

L——所计算的杆件或者杆件中的一个节段的长度;

k_z、k_w——"屈曲长度"系数;

z_g——荷载施加点和剪切中心(这里与重心重合)之间的距离;分配的符号为 z_g(见图 M.1);

C_1、C_2——与杆件端部约束条件以及荷载条件相关的系数(见 M.3)。

系数 k_z 与杆件端部截面处对绕弱轴 z 轴旋转的约束条件有关。对于受压杆件,该系数近似于杆件屈曲设计长度与杆件几何长度的比值。系数 k_z 一般情况下取值等于 1.0,除非经过论证可以取更低的值。

系数 k_w 与杆件端部截面处对翘曲的约束条件有关。系数 k_w 的值应取 1.0,除非有特殊的翘曲约束措施,经过论证可以取更低的值。

一般情况下,当荷载的作用方向是由荷载作用点指向截面剪心时(如图 M.1),z_g 符号为正,反之,z_g 符号为负。

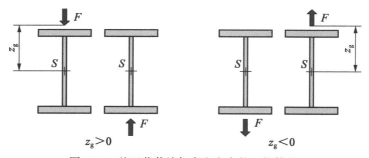

图 M.1 基于荷载施加点和方向的 z_g 的符号

当端部支座约束条件为"标准"条件时,k_z 与 k_w 的值取 1.0,式(M.1)可写作:

$$M_{cr} = C_1 \frac{\pi^2 E I_z}{L^2} \left[\sqrt{\frac{I_w}{I_z} + \frac{L^2 G I_t}{\pi^2 E I_z} + (C_2 z_g)^2} - C_2 z_g \right] \qquad (\text{M.2})$$

此外,如果弯矩沿杆件长度发生线性变化(无横向荷载)或者横向荷载作用于截面的剪心处,则 $C_2 z_g = 0$,式(M.2)可简化为:

$$M_{cr} = C_1 \frac{\pi^2 E I_z}{L^2} \sqrt{\frac{I_w}{I_z} + \frac{L^2 G I_t}{\pi^2 E I_z}} \qquad (\text{M.3})$$

对于工字形双对称截面,翘曲惯性矩 I_w 可按下式计算:

$$I_w = \frac{I_z(h - t_f)^2}{4} \tag{M.4}$$

式中:h——横向截面的总高度;

t_f——翼板厚度。

M.3 系数 C_1 和 C_2

M.3.1 一般规定

系数 C_1 和 C_2 取决于以下几个参数:

—截面特性;

—支撑条件;

—力矩图形态。

系数 C_1 和 C_2 可能会受下列比值的显著影响:

$$\kappa_{wt} = \frac{1}{L}\sqrt{\frac{EI_w}{GI_t}} \tag{M.5}$$

给出的系数值是在假定 $\kappa_{wt} = 0$ 的条件下计算出来的,在此假定条件下得到的是 C_1 的最小值。以下给出了几个简单荷载情况下的系数值,以及在杆件两端受到一对弯矩作用且杆件上受到均布荷载作用情况下的系数值。在所有情况下,都假定:$k_z = k_w = 1$。

M.3.2 仅受端部力矩的钢筋

可借助表 M.1 确定系数 C_1,且 $C_2 = 0$。还可采用下面的公式确定:

$$C_1 = \frac{1}{\sqrt{0.325 + 0.423\psi + 0.252\psi^2}} \tag{M.6}$$

表 M.1 端部力矩 C_1 值(对于 $k_z = k_w = 1$)

ψ	C_1
+1.00	1.00
+0.75	1.14
+0.50	1.31

表 M.1(续)

ψ	C_1
+0.25	1.52
0.00	1.77
−0.25	2.05
−0.50	2.33
−0.75	2.57
−1.00	2.55

M.3.3 横向受力杆件

表 M.2 给出某些简单横向荷载情况下的 C_1 和 C_2 值。其他情况可在相关文献中找到。

表 M.2 简单荷载情况下的 C_1 和 C_2 值(对于 $k_z = k_w = 1$)

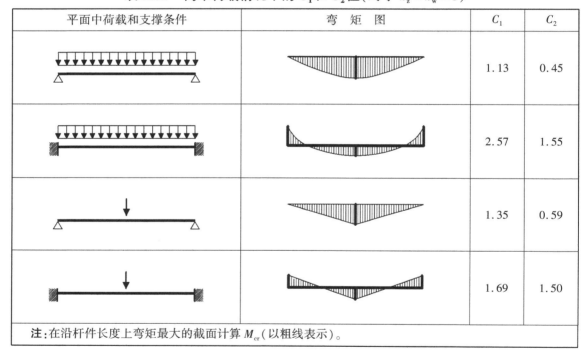

平面中荷载和支撑条件	弯 矩 图	C_1	C_2
		1.13	0.45
		2.57	1.55
		1.35	0.59
		1.69	1.50

注:在沿杆件长度上弯矩最大的截面计算 M_{cr}(以粗线表示)。

M.3.4 端部弯矩和均布荷载作用下的杆件

对于端部弯矩 M 和均布荷载 q 的组合(见图 M.2),C_1 和 C_2 可通过图 M.3 ~ 图 M.6 给出的曲线或这些曲线的分析表达式获得。

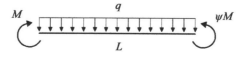

图 M.2 端部弯矩与均布荷载共同作用

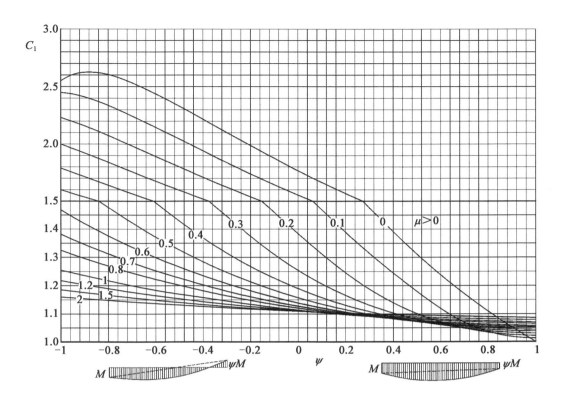

图 M.3 端部弯矩和均布荷载以及 μ 为正——系数 C_1

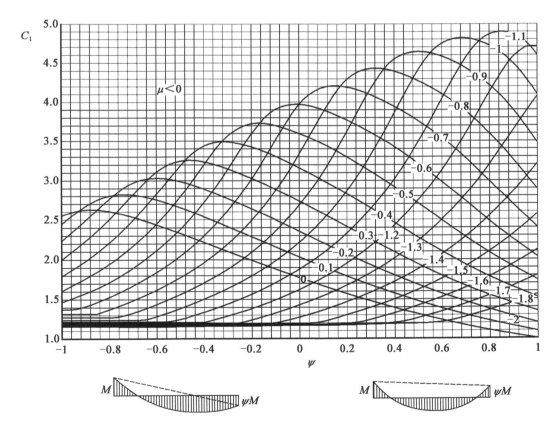

图 M.4 端部弯矩和均布荷载以及 μ 为负——系数 C_1

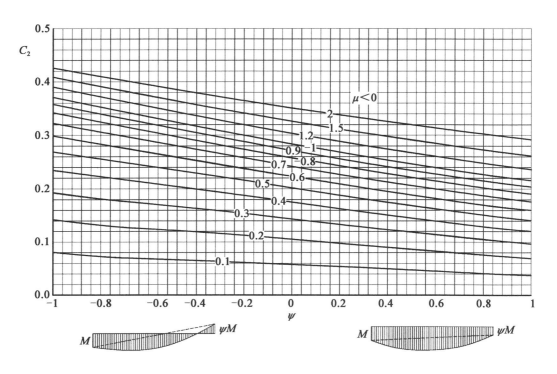

图 M.5 端部弯矩和均布荷载以及 μ 为正——系数 C_2

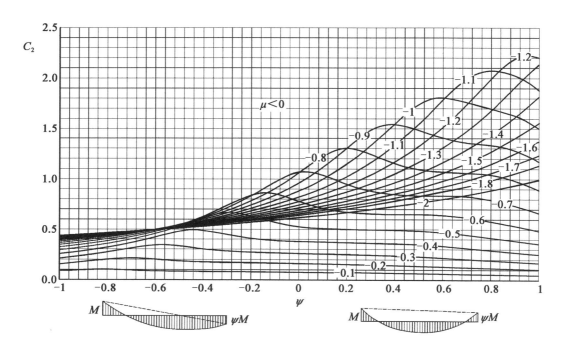

图 M.6 端部弯矩和均布荷载以及 μ 为负——系数 C_2

弯矩的分布可通过下面两个参数定义：

ψ——两个端部弯矩的比值：

$-1 \leqslant \psi \leqslant +1$（$\psi = +1$，对于均匀弯矩）；

μ——荷载 q 的"静定"弯矩（假设杆件为简支梁）与端部弯矩 M 的比值：

$$\mu = \frac{qL^2}{8M}$$

据定义,M 是最大端部弯矩的绝对值。

对 μ 的符号规定:

如果杆件在端部弯矩 M 作用下的弯曲方向与其在均布荷载 q 作用下的弯曲方向相同(如图 M.2 所示的情况),则 $\mu > 0$,反之,则 $\mu < 0$。

C_1 和 C_2 的值按 $k_z = 1$ 和 $k_w = 1$ 确定。

M.4 系数 C_1 和 C_2 的计算公式(可替代按图 M.3 ~ 图 M.6 曲线查找系数值的方法)

M.4.1 系数 C_1

假定:$\beta = \psi + 4\mu - 1$ 和 $\gamma = \beta_2 - 8\mu$

计算下列参数(保留系数的所有小数):

$$a = 0.5(1 + \beta) + 1.1413364\gamma - 0.6960364\beta\mu + 0.9126223\mu^2$$

$$b = 0.5(1 + \beta) + 0.1603341\gamma - 0.9240091\beta\mu + 1.4281556\mu^2$$

$$c = -0.1801266\beta - 0.0900633\gamma + 0.5940757\beta\mu - 0.9352904\mu^2$$

$$A = ab - c^2$$

$$B = 2a + \frac{b}{2}$$

假定:$d_1 = |\mu + 0.52(1 + \psi)|$ 且 $e_1 = 0.3$

计算 r_1:

—如果 $d_1 > e_1$,$r_1 = 1$;

—如果 $d_1 \leqslant e_1$,$r_1 = f_1 + \dfrac{d_1(1 - f_1)}{e_1}$,其中,$f_1 = 0.88 - 0.04\psi$。

则:

$$m = \left| \frac{M_{\max}}{M} \right|$$

式中:$M_{\max}$——沿梁的最大弯矩。

系数 m 可由参数 μ 和 ψ 按下式确定:

$m = |1 - \xi(1 - \psi) + 4\mu\xi(1 - \xi)|$,同时限定:$m \geqslant 1$。

式中,$\xi = 0.5 - \dfrac{1 - \psi}{8\mu}$,其中限定:$0 \leqslant \xi \leqslant 1$。

最后：

$$C_{10} = r_1 \cdot \sqrt{\frac{B - \sqrt{B^2 - 4A}}{2A}}$$

系数 C_1 由下式给出：

$$C_1 = mC_{10}$$

注：在仅有荷载 $q(M=0)$ 或荷载 q 占主导地位（$|\mu| > 20$）的情况下，$C_1 = 1.127$。

M.4.2 系数 C_2

系数 C_2 可通过下式求出：

$$C_2 = 0.398 r_2 |\mu| C_{10}$$

其中 C_{10} 按以上公式确定，r_2 按如下确定。

假定：

$$d_2 = |0.425 + \mu + 0.675\psi|$$

并且

$$e_2 = 0.65 - 0.35\psi$$

则

—如果 $d_2 > e_2$，$r_2 = 1$；

—如果 $d_2 \leqslant e_2$，$r_2 = f_2 + \dfrac{d_2(1 - f_2)}{e_2}$，其中 $r_2 = 0.81 + 0.05\psi$。

注：在仅有荷载 $q(M=0)$ 或荷载 q 占主导地位（$|\mu| > 20$）的情况下，$C_2 = 0.454$。